# BEI GRIN MACHT SICH IHR WISSEN BEZAHLT

- Wir veröffentlichen Ihre Hausarbeit,
  Bachelor- und Masterarbeit

- Ihr eigenes eBook und Buch -
  weltweit in allen wichtigen Shops

- Verdienen Sie an jedem Verkauf

Jetzt bei www.GRIN.com hochladen
und kostenlos publizieren

**Bibliografische Information der Deutschen Nationalbibliothek:**

Die Deutsche Bibliothek verzeichnet diese Publikation in der Deutschen National-
bibliografie; detaillierte bibliografische Daten sind im Internet über http://dnb.d-
nb.de/ abrufbar.



**Impressum:**

Copyright © 2016 GRIN Verlag, Open Publishing GmbH
Druck und Bindung: Books on Demand GmbH, Norderstedt Germany
ISBN: 9783668524439

**Dieses Buch bei GRIN:**

http://www.grin.com/de/e-book/374446/meeresbiologische-exkursion-auf-die-
kroatische-insel-krk

Anna Baer

# Meeresbiologische Exkursion auf die kroatische Insel Krk

## Beschreibung des Tauchspots "Love Cave" mit besonderem Blick auf die dort lebenden Arten

GRIN Verlag

# Meeresbiologische Exkursion auf die kroatische Insel Krk

Beschreibung des Tauchspots „Love Cave" mit besonderem Blick auf die dort lebenden Arten

<u>Inhaltsverzeichnis</u>

# 1. Einleitung

Unsere Meere sind nicht nur Ursprung des Lebens sondern auch lebenswichtig für die Zukunft Menschheit. Sie stellen unter anderem eine wichtige Nahrungsquelle dar und sind ein wichtiger Wirtschaftsraum. Auch auf das Weltklima haben die Meere Einfluss – allein in den letzten eineinhalb Jahrhunderten haben sie ungefähr die Hälfte des durch den Menschen produzieren Kohlendioxids aufgenommen. Trotz alldem sind heutzutage noch 90 Prozent des Meeres unerforscht. Aufgrund dessen sind Meere und Ozeane das Thema des Wissenschaftsjahres, welches sich 16 Monate lang mit dem unentbehrlichen, aber leider auch bedrohten Lebensraum Meer beschäftigt. Das Wissenschaftsjahr startete im Juni 2016 und geht bis September 2017. Es beschäftigt sich mit der Erforschung, aber auch mit dem Schutz der Ozeane und Meere. [vgl. Internetquelle 1]

Zu diesem Zeitpunkt, im Jahr der Meeresbiologie, führte die Universität Bielefeld eine Exkursion auf die kroatische Insel Krk durch, um sich mit dem Lebensraum der Adria vertraut zu machen. Dabei wurde die Diversität der Pflanzen und Tiere auf der Insel untersucht, der Schwerpunkt lag aber auf der Erkundung des adriatischen Meeres.

Im Folgenden werden einleitend die Eckdaten der Exkursion beschrieben und Informationen über ihren Ablauf und Ziele gegeben (1.1). Außerdem soll die Insel Krk kurz vorgestellt werden (1.2). Der Schwerpunkt dieser Hausarbeit liegt auf dem Tauchspot „Love Cave" an der kroatischen Insel Plavnik, zu der an einem Tag eine Bootstour gemacht wurde. Einerseits wird der dortige Tauchgang beschrieben (2.), andererseits wird sich mit dem Lebensraum am Tauchspot befasst und die Diversität der Lebewesen erfasst (3.). Am Schluss stehen eine Zusammenfassung und ein Fazit, welche die Erkenntnisse dieser Hausarbeit und der Exkursion resümieren (4.).

## 1.1 Eckdaten der Exkursion

Die Exkursion auf die kroatische Insel Krk wurde vom 22.09.-02.10.2016 im Rahmen der Veranstaltung „Planung und Durchführung einer meeresbiologischen Exkursion" durchgeführt. Diese wird von der Biologiedidaktik angeboten und ist dem Modul „Organismische Biologie" zugeordnet.

Im Vorlauf der Exkursion wurden in der Vorlesungszeit des Sommersemesters 2016 vorbereitend Referate zu verschiedenen aquatischen und terrestrischen Tieren und Pflanzen gehalten, die am und im Mittelmeer vorkommen und während der Exkursion beobachtet werden können.

Außerdem wurden im Seminar Experimente für die Sekundarstufe I entwickelt, die sich mit den körperlichen Anpassungen und Jagdstrategien von aquatischen und terrestrischen

Lebewesen befassten, die auch später im Lehrerberuf Anwendung finden können. Diese wurden mit zwei Klassen durchgeführt.

Gerade durch die Meeresbiologie ist ein Thema im Schulalltag angesprochen, welches oft Anwendung findet. Für angehende Biologielehrer und Biologielehrerinnen, die im späteren Berufsleben mit hoher Wahrscheinlichkeit eine Klassenfahrt Richtung Meer durchführen werden, soll das Seminar „Planung und Durchführung einer meeresbiologischen Exkursion" auf spätere Klassenfahrten vorbereiten. Nicht nur fachliche Kenntnisse im Hinblick auf die dortige Diversität der Lebewesen werden erworben, auch durch ein Referat werden die Teilnehmer und Teilnehmerinnen des Seminars über rechtliche Bestimmungen und formale Voraussetzung, die es bei der Planung einer Klassenfahrten und bei Fahrten an außerschulische Lernorte zu beachten gibt, informiert.

Ziel der Exkursion ist es, den Lebensraum Mittelmeer, auch im Hinblick auf das Jahr der Meeresbiologie, zu erforschen und dessen Diversität kennenzulernen. [vgl. Internetquelle 2]

Auf die Exkursion fuhren 33 Teilnehmende. Diese erhielten vor Ort die Möglichkeit, den Open Water Diver (OWD) zu erwerben, um die Diversität im Mittelmeer bis auf 18 Meter erkunden zu können. Nach einem Tag Tauchtheorie wurde die praktische Ausbildung zum Tauchschein im Dive Center Krk absolviert. Alle Tauchgänge wurden im Logbuch notiert, damit man eine Übersicht über die verschiedenen erkundeten Tauchspots behielt (Abb. 1).

Teilnehmende, die schon im Besitz des OWDs waren, konnten den Advanced Open Water Diver (AOWD) machen, mit dem bis auf 40 Meter tief getaucht werden darf.

Nach dem erfolgreichen Bestehen des Tauchscheins wurden zwei Bootstouren durchgeführt (die fortgeschrittenen Taucher nahmen an mehreren Bootstouren teil), die jeweils zwei verschiedene Tauchspots anfuhren. Bei der ersten Bootstour wurden die beiden Spots „Love Cave" und „Stonehenge" erkundet, bei der zweiten „Mali Plavnik" und „Krnjacol". Über die Tauchtouren hinaus wurden auch zwei Landtage unternommen. Der erste beschäftigte sich mit den auf der Insel vorkommenden Pflanzen und Tieren, der andere mit einer kleinen Wanderung. Außerdem wurden auf der Exkursion eine Olympiade durchgeführt, die Spiele beinhaltete, die für die Sekundarstufe II ausgerichtet waren und zwei Grillabende, von denen der zweite Grillabend dazu gedacht war, sich bei den Tauchlehrern für die Ausbildung und die gelungenen Tauchgänge zu bedanken.

| Nr. / No. | Tag / Uhrzeit<br>Day / Time | Ort / Gewässer<br>Place / Water Category | max. Tiefe<br>max. depth | Tauchzeit<br>Dive time | Bemerkungen<br>Remarks | Unterschrift<br>Signature |
|---|---|---|---|---|---|---|
| 1 | 24 9 16<br>13 09 | Kroatien, Secret Beach (Krk) | 2,6 | 30-35 min | Pool 1-3 | |
| 2 | 25 9 16<br>10 48 | Kroatien Secret Beach (Krk) | 3,6 | 45 min | Pool 4-5 | |
| 3 | 25 9 16<br>11 01 | Kroatien Silent Beach (Krk) | 9,5 | 27 min | Freiwasser 1 | |
| 4 | 26 9 16<br>15 11 | Kroatien, Secret Beach (Krk) | 12 | 38 min | Freiwasser 2 | |
| 5 | 27 9 16<br>10 14 | Kroatien Silent Beach (Krk) | 18,7 | 33 min | Freiwasser 3 | |
| 6 | 27 9 16<br>14 14 | Kroatien, Secret Beach | 18,1 | 34 min | Freiwasser 4 | |
| | | | | | -Padi Owd bestanden- | |
| 7 | 29.9 16<br>11 23 | Kroatien, LoveCave - Plavnik | 21,8 | 28 min | Wunschsteine Pups ingo | |
| 8 | 29 9 16<br>14 23 | Kroatien, Stonehenge Plavnik | 16,3 | 37 min | Oktopus Tarieren klappt | |
| 9 | 30.9 16<br>10 36 | Mali - Plavnik | 20,2 | 31 min | Fragebogen von Nils Ich bin überfordert | |
| | | Tauchzeit: Summe dieser Seite<br>Dive time: total of this page | | | | Gesamte Tauchzeit<br>Accumulated dive time |

**Abb. 1:** Logbuch der verschiedenen Tauchgänge. Die Tauchgänge 1-6 zählen zu der Ausbildung zum Open Water Diver und wurden mit unserer Tauchlehrerin durchgeführt. Bei den Tauchgängen ab Tauchgang 7 handelt es sich um diese, die vom Tauchboot mit Guide durchgeführt wurden. Eingetragen wird immer die Uhrzeit, das Datum, der Tauchort, die Tauchzeit, Bemerkungen (beispielsweise Wassertemperatur, gesehene Tiere und Pflanzen) und zum Schluss die Unterschrift des Tauchlehrers/der Tauchlehrerin, des Guides oder des Buddys.

1.2 Die Insel Krk und das adriatische Meer

Die Insel Krk ist die größte kroatische Insel und liegt an dem adriatischen Meer am Anfang der Kvarner Bucht. Auf der ungefähr 406 km$^2$ großen Insel wohnen 17.900 Einwohner. Über den Flughafen Rijeka kann man die Insel erreichen oder man nutzt die Anreise mit dem Auto über eine Brücke, die das Festland mit der Insel verbindet. [vgl. Internetquelle 3] Unsere Unterkünfte während der Exkursion lagen in dem Dorf Kornić. Dort befindet sich auch die Tauchbasis (Dive Center Krk), von wo unsere beiden Bootstouren starteten. Das Dive Loft Krk liegt weiter im Osten der Insel, im Ort Vrbnik. Im Dive Loft wurde uns unsere Ausrüstung ausgeliehen und von dort aus fuhren wir zu nahe gelegenen Ständen (Secret Beach und Silent Beach), um den praktischen Teil unserer Tauchausbildung zu absolvieren (Abb. 2).

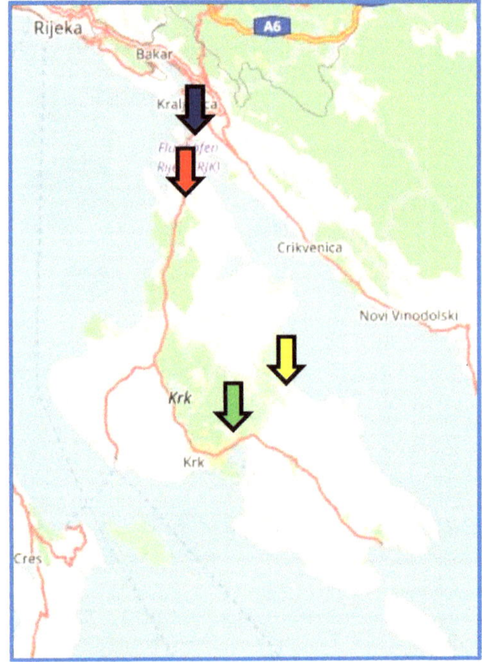


**Abb. 2:** Die Insel Krk. Eingezeichnet ist der Flughafen Rijeka (rot), die Brücke, die die Insel mit dem Festland verbindet (blau), das Dorf Kornić (grün) und der Ort Vrbnik (gelb).
[Internetquelle 4]

Die durchschnittliche Oberflächentemperatur des adriatischen Meeres beträgt 11°C, im Winter ca. 7°C und im Frühling, wenn das Meer sich zu erwärmen beginnt, steigt diese auf ca. 18°C an. Im Sommer erreicht die Oberflächentemperatur einen Höchstwert von 22-25°C. Die Wellen sind in der Adria nicht sehr hoch. Ihre Höhe liegt im Durchschnitt zwischen 0,5 und 1,5 Metern. [vgl. Internetquelle 5]

Bei unseren Tauchgängen betrug die durchschnittliche Wassertemperatur um die 19°C. Das Wasser war die meiste Zeit flach, was unsere Tauchgänge erheblich erleichterte. Nur ein paar kleine Wellen, die durch ein Boot verursacht wurden, erschwerten den Einstieg und das Anziehen der Flossen.

Die warmen Meeresströmungen der Adria fließen vom Süden aus in den Norden, entlang der kroatischen Küste und in entgegengesetzter Richtung an der italienische Küste entlang. Besonders für die Adria ist ihre reiche Tier- und Pflanzenwelt. Aber auch die kroatische Unterwasserwelt zeichnet sich durch über 116 registrierte und beschriebene Tauchdestinationen aus, „die Anblicke von antiken Segelschiffen sowie Korallenwiesen auf senkrechten Unterwasserwänden, Meereshöhlen und von Fischschwärmen bewohnte, versunkene

Kriegsschiffe einschließen" [Internetquelle 6].

Eine dieser Tauchdestinationen wird mit ihrer Diversität an Pflanzen- und Tierarten im Folgenden beschrieben: Der Tauchspot „Love Cave" an der Insel Plavnik.

## 2. Der Tauchgang am Tauchspot „Love Cave"

Am 29.09.2016 wurde eine Bootstour zu dem Tauchspot „Love Cave" unternommen. Die Ausführungen beziehen sich auf das Briefing von dem Guide Simon auf dem Boot Sirena, auf Aussagen von dem Bootskapitän und werden durch Informationen von dem Geschäftsführer der Tauchbasis, Robert, ergänzt.

Der Tauchspot „Love Cave" liegt an der kroatischen Insel Plavnik (Abb. 3). Der Spot verdankt seinen Namen einer kleinen Höhle, die man anhand von Gartenzwergen, die sich auf den Felsen oberhalb der Höhle befinden, erkennen kann.

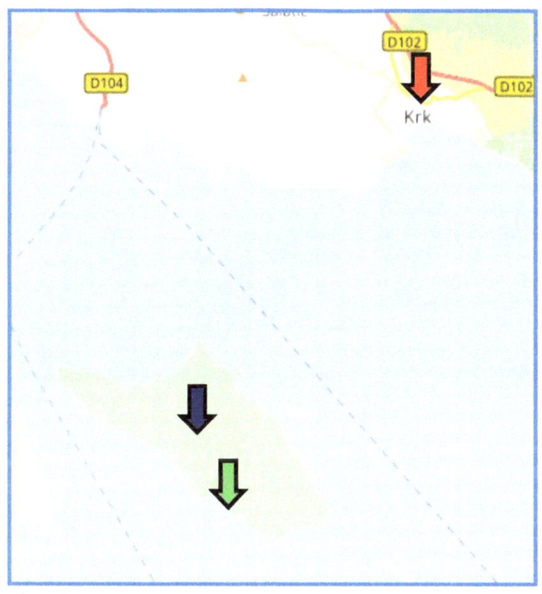


**Abb. 3:** Die Lage des Tauchspots „Love Cave" (grün) an der Insel Plavnik mit den Koordinaten
44°57'28.2"N
14°31'44.5"E
Markiert ist die Insel Plavnik (blau) und Krk (rot). [Internetquelle 7]

Die Höhle liegt auf 1,5 Metern Tiefe und kann bei ruhigem Wellengang auch schnorchelnd oder schwimmend erkundet werden. Da der circa sieben Meter lange Tunnel nicht sehr breit ist, wurde uns empfohlen, hintereinander zu schwimmen. Die Höhle selbst ist relativ klein, deshalb sollten sich hier nicht mehr als sechs Personen gleichzeitig aufhalten – das erforderte eine genaue Absprache unter den verschiedenen Tauchgruppen. Im Inneren befindet sich ein kleiner Kieselstrand mit weißen Steinchen, der das Ende der Höhle bildet. Von diesem aus hat man Aussicht auf den freien Himmel. Da die Taucher mit den Flossen leider nicht laufen konnten, mussten sie mit ihrer Tauchausrüstung zum Strand robben und sich leicht auf die Seite legen, um durch die Öffnung in der Decke der Höhle nach oben zu schauen. Durch dieses Loch kann Tageslicht in den Raum fallen und diesen erleuchten. Die Höhle wurde von den Tauchgruppen aber erst nach dem eigentlichen Tauchgang erkundet (Abb. 4).

**Abb. 4 a, b, c, d, e, f:** Bilderreihe zu der Höhle „Love Cave"

Abb. 4 a: Der Eingang zu der Höhle „Love Cave" markiert durch einen roten Pfeil.
Abb. 4 b: Der Ausblick aus der Höhle hinaus in den sieben Meter langen Tunnel.
Abb. 4 c: Der Tauchgang aus dem Tunnel ins Freiwasser.
Abb. 4 d: Im Inneren der Höhle: schön zu sehen ist das einfallende Tageslicht, welches den
           dunklen Raum und die weißen Steine erhellt.
Abb. 4 e: Zwei Taucherinnen aus unserer Gruppe, die auf dem Bauch zum Strand gerobbt sind,
           um durch das Deckenloch der Höhle zum Himmel zu schauen.
Abb. 4 f: Der Blick durch das Loch in der Decke.

Auf Abb. 5 ist die Karte des Tauchspots „Love Cave" zu sehen. Die namensgebende Höhle symbolisiert der schwarze längliche Raum oben auf der Karte, in den auch ein roter Pfeil weist.

Geankert wurde an dem dafür vorgesehenen Ort (oben links auf der Karte). Unter unserem Tauchschiff befand sich nach Simon ein Plateau von 5-6 Metern, an dem wir, nach unserem Sprung ins Wasser, heruntergetaucht sind. Getaucht wurde von dem Ankerort auf der

Karte nach rechts, indem man sich an der Gras- und Geröllnarbe (grünlich auf der Karte) orientierte – alles Gelbliche auf der Karte steht für die Sandnarbe des Tauchspots. Folgt man nun mit der linken Schulter der Geröllnarbe, kommt man zu dem Riff/der Steilwand und dem schmalen Canyon. Dort geht es ungefähr 20 Meter nach unten. Folgt man der Narbe an der Wand entlang weiter, kommt man automatisch zu dem breiten Canyon, bei dem es circa 41 Meter nach unten geht. Nach dem breiten Canyon folgen ein Überhang und eine weitere Wand, an der es auf 40 Meter hinuntergeht. Je nachdem, wie lange die Luft reicht, kann man weitere Teile des Tauchspots entdecken. Für uns Tauchanfänger war es relativ schwer, sich unter Wasser zurecht zu finden, da man noch viel mit sich selbst beschäftigt war. Doch, wie Simon ganz nett resümierte: „Die meisten sind eh geguided, das heißt einfach hinterhertauchen, das reicht schon." Falls man seine Tauchtruppe unter Wasser verliert, soll man diese erst eine Minute unter Wasser suchen, danach einen vernünftigen Aufstieg mit Sicherheitsstopp durchführen und dann an der Wasseroberfläche weitersuchen.

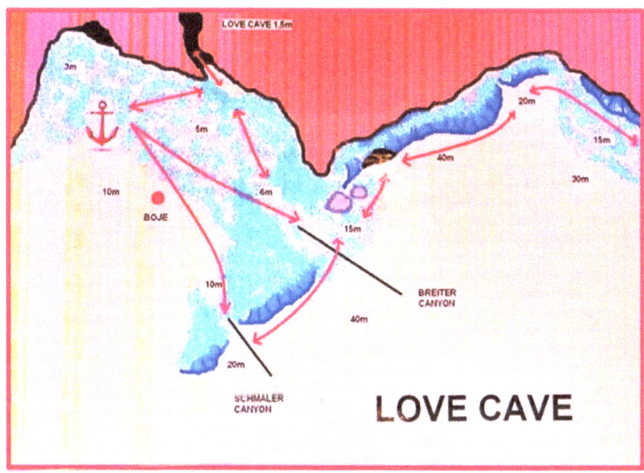


**Abb. 5:** Abfotografierte Karte des Tauchspots „Love Cave" von dem Dive Center Krk. Eingezeichnet ist die Stelle, an der das Boot ankert, mögliche Tauchgänge (durch die Pfeile repräsentiert) und die Tiefen.

Wir sollten bei 110 Bar umkehren, damit wir noch genug Sauerstoff für den Rückweg und den Sicherheitsstopp hatten. Falls die Luft ungeplant doch einmal zu knapp gewesen wäre, hätte man auch eine kleine Abkürzung nutzen und den breiten Canyon „crossen" können. Der Sicherheitsstopp erfolgt für drei Minuten auf fünf Metern. Wenn für diesen nicht mehr genug Luft übrig gewesen wäre, hing am Boot auf fünf Metern eine „Dekobottle" – eine mit Pressluft gefüllte Dekompressionsflasche. Den Anweisungen Simons zufolge, sollten wir aber so tauchen, dass wir spätestens nach einer Stunde und mit mindestens 50 Bar wieder auf dem Boot waren.

Die Strömungen an dem Tauchspot können sich laut Bootskapitän bis zu drei Mal täglich ändern. Als wir an dem Tauchspot tauchten, hatten wir eine sehr gute Sicht, selbst andere Tauchgruppen konnte man teilweise in der Ferne entdecken. Simon sprach in seinem Briefing von 20, 30, 40 Metern Sichttiefe an dem Spot. Die Wassertemperatur an der Oberfläche betrug am 29.09.2016 22 °C, sank pro 10 Meter Tiefe ungefähr um 2 °C ab. Am tiefsten Punkt des Tauchganges (30 Meter in der Tiefe, in der nur die fortgeschrittenen Taucher waren) betrug die Wassertemperatur 16 °C, die Luft war ungefähr 23 C warm. Diese Daten sind Tabelle 2 im Anhang (S. 37) zu entnehmen, die im Rahmen einer Masterarbeit erhoben und uns zur Verfügung gestellt wurden.

Zu der Bodenbeschaffenheit lässt sich sagen, dass Sand vorherrschend war, der oft mit Geröll, teils größer, teils kleiner, vermischt war. Während des Tauchgangs und vor allem zur Wand hin, gab es einige Felsen. Kurz nach dem Abtauchen war das Sediment vorwiegend durch Sand bestimmt, nach und nach kam immer mehr Geröll dazu. Auch der Einfluss von Menschen war unter Wasser, vor allem an zwei Stellen sichtbar. Relativ zu Anfang des Tauchgangs, in der Nähe des Ankerorts, befanden sich Seile und zwei Klötze (Abb. 6), kurz danach ein Fischerkorb (Abb. 7).

Laut Robert sieht man an diesem Spot vor allem Drachenköpfe, Knurrhähne, Kraken, Petermännchen und teilweise sogar Meeraale. Welche Tiere und auch Pflanzen wir an dem Spot vorgefunden haben, wird im folgenden Kapitel thematisiert.

**Abb. 6 und 7:** Der Einfluss des Menschen unter Wasser: Seile, Klötze und Fischerkörbe.

# 3. Organismen am Tauchspot „Love Cave"

Die folgenden Angaben zu den Organismen beziehen sich auf Notizen direkt nach dem Tauchgang, auf die Analyse des selbstgedrehten Videos am Tauchspot „Love Cave" und auf das Video eines Mittauchers. Außerdem sind bei den Großfischen noch Daten eingefügt, die im Rahmen einer Masterarbeit erhoben wurden (siehe Anhang S. 37, Tabelle 1).

Falls Tiere am Spot „Love Cave" gesehen, aber nicht gefilmt wurden, stammen die Screenshots aus Videos und Bildern, die bei anderen Tauchspots gemacht wurden, sind aber auch als solche unter der Abbildung ausgewiesen.

Angaben zu den Tiefen können leider nicht gemacht werden, da nur wenige Personen aus unserer Gruppe einen Tauchcomputer dabei hatten. Die beschriebenen Organismen befanden sich aber nicht viel tiefer als auf 21,8 Meter, da unsere Gruppe am „Love Cave" nicht tiefer tauchte.

Bevor in 3.7 die Algen am Tauchspot „Love Cave" vorgestellt werden, werden in 3.1-3.6 Lebewesen beschrieben, die dem Taxon der vielzelligen Tiere entstammen (Metazoa). Aus diesem Taxon werden sechs Stämme vorgestellt: Porifera, Cnidaria, Echninodermata, Chordata, Mollusca und Arthropoda. Der Stammbaum der Metazoa ist in Abb. 8 dargestellt und die entsprechenden Stämme, aus denen Tiere dieser Hausarbeit entnommen sind, markiert.

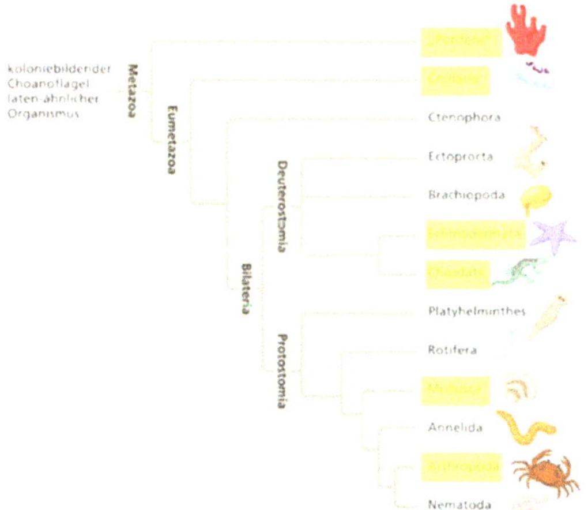


**Abb. 8:** Das Taxon der mehrzelligen Tiere (Metazoa) und die Tiergruppen, die dem Taxon angehören. (Campbell et. al. 2009, S. 895) (Markierungen nach Inga Wiese)

## 3.1 Schwämme

Da nach dem Tauchgang am „Love Cave" nur der Goldschwamm für das Taxon der Porifera notiert wurde und auch nach einer sorgfältigen Videoanalyse durch genaue Betrachtung der Felsen und Steine, keine anderen Schwämme entdeckt werden konnten, wird an dieser Stelle nur dieser thematisiert. An anderen Tauchspots hingegen konnten andere Schwämme (beispielsweise Lederschwämme (Abb. 9), Stachelschwämme (Abb. 10) und Polsterschwämme (Abb. 11) gesehen werden.

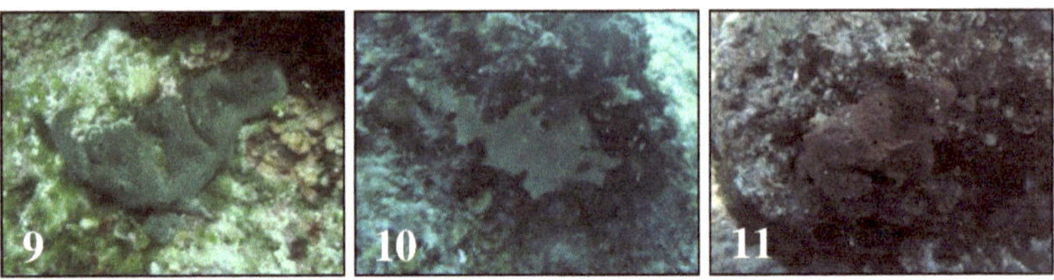

**Abb. 9, 10 und 11:** Schwämme sind rund um Krk zahlreich vorhanden: Lederschwämme (Abb. 10), Stachelschwämme (Abb. 11) und Polsterschwämmen (Abb. 12) lassen sich an den verschiedenen Tauchspots, vor allem auf Steinen, finden.

Goldschwamm (*Aplysina aerophoba*)

Dieser Strudler kommt vor allem im Mittelmeer und im Ostatlantik auf schattigen Standorten vor. Vor allem bei unserem Sicherheitsstopp auf fünf Metern, waren richtige Felder von Goldschwämmen zu beobachten (Abb. 13). Auf Abb. 12 kann man die 3-6 cm langen und 1-2 cm starken Schlote erkennen, die endständig je ein Osculum zur Nahrungsaufnahme von Phyto- und Zooplankton tragen (vgl. Riedl, 2011, S. 148).

Außerdem ist die Oberfläche des Goldschwammes zu erkennen, die schleimig glatt und schwefelgrün bis grünlich gelb gefärbt ist. In den äußeren Gewebeschichten enthält er Cyanobakterien. Der Durchmesser beträgt meist 20 cm, kann aber auch über 50 cm gehen. Besonders häufig findet man sie in 10 m Tiefe, sie sind aber auch in 30 m Tiefe anzutreffen. Seinen Namen („die Luft fürchtend"=aerophoba) verdankt er seiner Umfärbung an der Luft: von leuchtend gelb auf schwarzgrün. (vgl. Bergbauer et. al, 2009, S. 68)

**Abb. 12 und 13:** Goldschwämme am Tauchspot „Love Cave". Abb. 13 zeigt zwei Schwämme detaillierter. In Abb. 14 sieht man die „Goldschwammfelder", die am Tauchspot oft vorkamen.

3.2 Nesseltiere

Aus dem Taxon der Nesseltiere (Cnidaria) wurde am „Love Cave" nur ein Vertreter, die Wachsrose, gesichtet. Darüber hinaus konnte noch ein weiteres Nesseltier, beobachtet werden – die gelbe Gorgonie.

<u>Wachsrose (*Anemonia sulcata*)</u>

Die Wachsrose, die dem Stamm der Anthozoa (Blumentiere) zugehörig ist, haben wir auf jedem Tauchgang am Meeresgrund entdecken können. Auch am „Love Cave" gab es einige Exemplare, von denen in Abb. 14 eine zu sehen ist. Weitere Bilder dieses Organismus entstanden an anderen Tauchspots und zeigen sehr schön die langen Tentakeln der Wachsrose (Abb. 15). Diese sind stark nesselnd und reißen schnell ab (vgl. Riedl, 2011, S. 191).

Die kleine Wachsrose, mit einer Größe von bis zu 15 cm und 70 bis 192 Tentakeln, kommt in Tiefen bis zu 5 Metern vor. Die große Wachsrose mit einer Größe von bis zu 20 cm und 194 bis 384 Tentakeln kann von 3 Metern bis in Tiefen von bis zu 25 Metern vorkommen (vgl. Bergbauer et. al, 2009, S. 86).

Die meisten Wachsrosen lassen sich im Seichtwasser von ruhigeren Buchten beobachten (vgl. Riedl, 2011, S. 191). Andere Autoren nennen flache Küstenzonen als Gebiet des Vorkommens im gesamten Mittelmeer und Ostatlantik bis Schottland (vgl. Bergbauer et. al, 2009, S. 86).

Sie ernähren sich, indem sie ihre Tentakel zum Beutefang einsetzen. Sie packen ihre Opfer, lähmen diese und führen sie sich zum Mund. Sie ernähren sie von Fischen, Weichtieren und Kleinkrebsen. Die Anemonengrundel, die Anemonen-Seespinne und Schwebgarnelen sind gegen die Nesselreaktion der Tentakel immun und halten sich deshalb in der Nähe der Anemone auf, die Schutz bietet. (vgl. ebd.)

Die Wachsrose lebt in Symbiose Algen, die sie färben. Ohne symbiontische Algen ist die Wachsrose grau, sonst grünlich oder violett bis rosa. Gerade die Spitzen der Tentakel zeigen oft eine violette Färbung (vgl. Mojetta, et. al, 1997, S. 122).

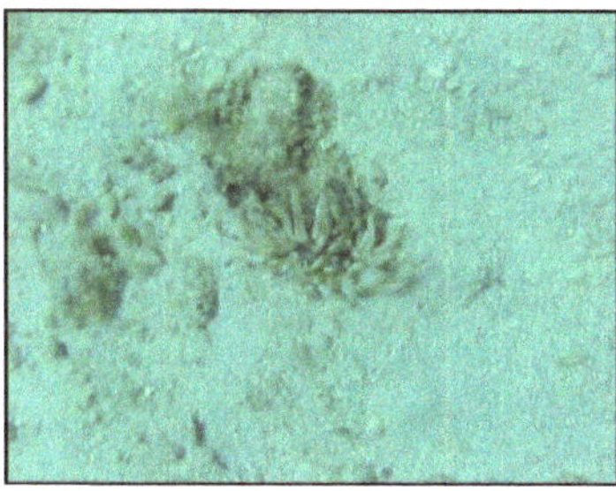

**Abb. 14:** Die Wachsrose auf dem sandigen Meeresgrund des Tauchspots „Love Cave".

**Abb. 15:** Eine weitere Wachsrose, bei der man die Strukturen besser erkennen kann. Dieses Foto stammt aber nicht vom „Love Cave".

Gelbe Gorgonie (*Eunicella cavolinii*)

Die Gelbe Gorgonie, die ebenfalls dem Stamm der Anthozoa (Blumentiere) zugehörig ist, wurde an dem Tauchspot häufiger gesehen. Sie war in verschiedenen Größen vertreten. Auf Abb. 16 sieht man eine kleinere *Eunicella cavolinii*, auf Abb. 17 ein größeres Exemplar.

Die Kolonien können eine Höhe von 50 cm erreichen, der Durchmesser der Endzweige beträgt circa 1-3 mm und die entfalteten Polyen, die sich auf hervortretenden Höckern befinden, ca. 4 mm (vgl. Bergbauer et. al, 2009, S. 118).

Wie man auf den beiden Abbildungen gut erkennen kann, besitzen die Kolonien unregelmäßig verzweigte Äste, die sich in einer Ebene befinden. Diese sind senkrecht in Richtung der Hauptwasserbewegung ausgerichtet, da diese Hornkoralle ein Filtrierer von Planktonorganismen ist. Die Farbe der Gorgonie ist gelb bis rötlich, sie bevorzugt schattigere Standorte und ist meist, wie die Gorgonien auf Abb. 16 und Abb. 17, an freien Felswänden in einer Tiefe von 15-100 Metern vorzufinden. (vgl. Riedl, 2011, S. 201) Bei der Gelben Gorgonie handelt es sich um eine der häufigsten Gorgonien im Mittelmeer, die teils als tote Kolonien in Souvenirshops verkauft werden.

**Abb. 16:** Eine Gelbe Gorgonie am Tauchspot „Love Cave" an einer freien Felswand.

**Abb. 17:** Ebenfalls am Tauchspot „Love Cave": ein etwas größeres Exemplar der Gelben Gorgonie.

### 3.3 Stachelhäuter

Echinodermata lassen sich in fünf Klassen unterteilen: Holothuroidea (Seewalzen/Seegurken), Echinoidea (Seeigel), Crinoidea (Haarsterne/Seelilien), Asteroidea (Seesterne) und Ophiuroidea (Schlangensterne). Letztere wurden am „Love Cave" nicht gesehen, weshalb sie hier nicht genauer thematisiert werden.

Röhrenseegurke (*Holothuria tubulosa*)

Die Röhrenseegurke, die der Familie der Holothuroidae angehört, wurde während des Tauchgangs am „Love Cave" sehr oft am Grund gesehen. Sie befinden sich in 0-100 m

Tiefe auf Sand und sandigem Schlamm, teils auch auf felsigerem Boden (vgl. Riedl, 2011, S. 591).

Auf Abb. 18 kann man den länglichen Körper der Röhrenseegurke erkennen, der bis zu 40 cm groß werden kann. Der Körperquerschnitt beträgt ca. 6 cm. Auf dem gesamten Körper hat sie dunkle Papillen, die aus dorsalen Füßchen umgewandelt wurden. Ihre derbe raue Haut ist braunviolett bis braunrot. (vgl. Bergbauer et. al, 2009, S. 232)

**Abb. 18:** Eine Röhrenseegurke am Tauchspot „Love Cave". Sie liegt auf sandigem Boden in der Nähe von Goldschwämmen.

Sie besitzt eine endständige Mundöffnung, durch die sie Sand und Schlick aufnimmt und dessen organische Bestandteile verwertet (vgl. Riedl, 2011, S. 591).

Sie kommt im westlichen Mittelmeer und im Atlantik bis zum Golf von Biskaya vor. Im Spätsommer gibt sie durch Aufrichtung ihres Körpers in L-Form Eier und Spermien in flacheres Wasser ab, in das sie wandert. (vgl. Bergbauer et. al, 2009, S. 232)

<u>Violetter Seeigel (*Sphaerechinus granularis*)</u>

Der Violette Seeigel gehört der Familie der Echinoida an. Abb. 19 zeigt ihn mit seinen zahlreichen Stacheln, die dicht stehend, abgestumpft, meist violett mit weißen Spitzen und 2 cm lang sind. Auf dem Foto sieht man, wie sich der Seeigel mit kleinen Steinchen tarnt. Dabei helfen ihm seine Greifzangen (Pedicellarien), die ebenfalls Giftdrüsen enthalten, um sich vor Feinden zu schützen. Diese können die menschliche Haut aber nicht durchdringen. (vgl. Bergbauer et. al, 2009, S. 242)

**Abb. 19:** Der Violette Seeigel am Boden des Tauchspots „Love Cave". Dieses Exemplar versucht sich durch kleine Steinchen vor seinen Feinden zu tarnen.

Das Gehäuse des Seeigels ist radiärsymmetrisch und hat einen Durchmesser von 12-13 cm. Der Mund befindet sich oben, der After unten. Die dunkel purpur mit weißlichen Anteilen farbige Schale ist ventral abgeflacht. (vgl. Riedl, 2011, S. 601)

Der Seeigel ist ein Weidegänger und ernährt sich von Algen und Detritus. Er kommt im gesamten Mittelmeer, im Atlantik von den Kanalinseln bis zu den Kapverden und den Azoren bis zu 100 m Tiefe auf reinen und seegrasbestandenen Sandböden und Felsböden vor. (vgl. Bergbauer et. al, 2009, S. 242)

<u>Mittelmeerhaarstern (*Antedon mediterranea*)</u>

Der Mittelmeerhaarstern gehört zu der Familie der Crinoida und begegnete uns mehrmals auf unserem Tauchgang. Da er durch sein Aussehen nicht sehr auffällig ist, wies uns unserer Tauchguide öfter auf solche Individuen hin. In Abb. 20 ist ein Haarstern des Tauchspots „Love Cave" abgebildet. Dieser sitzt auf einem Goldschwamm. Die einzelnen Strukturen des Haarsterns erkennt man jedoch auf Abb. 21 besser: er besitzt 10 leicht zerbrechliche Arme, die sich aus einer Verzweigung von fünf ursprünglichen Armen an der Basis entwickelt haben, mit denen sie sich schwimmend fortbewegen können. Die Arme tragen beiderseits 60 Paar Fiedern. Nicht zu erkennen sind die bis zu 30 Kammerfüßchen, mit denen sich der Mittelmeerhaarstern am Untergrund festhält und mit denen er sich fortbewegen kann. Er ist rot, orange oder braun bis gelb gefärbt und hat einen Durchmesser von ca. 20 cm. (vgl. Bergbauer et. al, 2009, S. 220)

**Abb. 20:** Der Mittelmeerhaarstern am Tauchspot „Love Cave" auf einem Goldschwamm sitzend.

**Abb. 21:** Ein weiterer Mittelmeerhaarstern eines anderen Tauchspots. Hier erkennt man die im Text beschriebenen Strukturen besser.

Er kommt oft in Tiefen von 10-40 Metern auf tieferen algenbestandenen Felsböden und Seegraswiesen vor. Aber auch auf exponierten Hartsubstraten oder als Aufsitzer auf anderen Lebewesen (Abb. 20) lässt er sich finden. Er ist der häufigste Vertreter der Haarsterne im Mittelmeer. (vgl. Riedl, 2011, S. 588 und vgl. Bergbauer et. al, 2009, S. 220)

Als Filtrierer ernährt er sich von Plankton, indem er sich senkrecht zur Strömung stellt, die

Arme als Filtersieb benutzt und die Nahrung in Kanälen an den Armen zum Mund transportiert (vgl. Bergbauer et. al, 2009, S. 220).

<u>Roter Seestern (*Echinaster sepositus*)</u>

Obwohl an anderen Tauchspots auch Seesterne wie der Eisseestern (Abb. 22) und der große Kammseestern (Abb. 23) beobachtet werden konnten, wurde am Tauchspot „Love
Cave" nur der rote Seestern gesichtet.

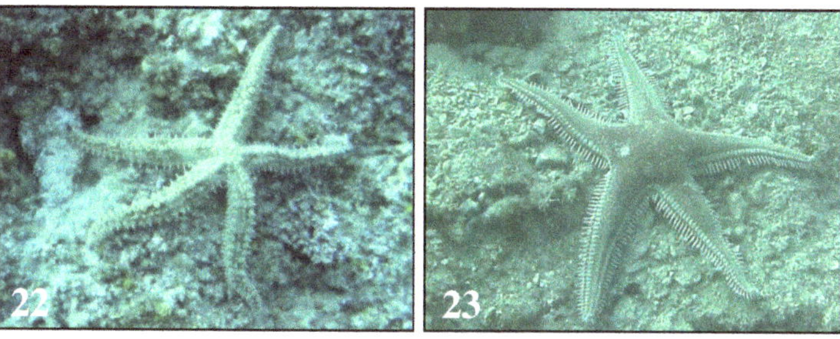

**Abb. 22 und 23:** Seesterne von anderen Tauchspots rund um Krk: Ein Eisseestern (Abb. 23)
und ein großer Kammseestern (Abb. 24) auf felsigem Untergrund.

Auf diesen soll im Folgenden näher eingegangen werden. Dieser gehört zur Familie der
Asteroida und hat fünf, seltener sechs oder sieben runde lange Arme. Er kann bis zu 20 cm
groß werden und seine Körperoberseite ist mit kleinen, unregelmäßig über den Körper ver-
teilten Kiemenbläschen übersäht. Außerdem hat er in seiner drüsenreichen Haut versenkte
Stacheln, die bis 1,5 mm lang werden können. Seine leuchtend ziegel- bis orangerote Farbe
ist gut auf Abb. 24 zu erkennen. (vgl. Bergbauer et. al, 2009, S. 230)

**Abb. 24:** Der Rote Seestern auf dem Boden des Tauchspots „Love Cave".

Typisch ist der Rote Seestern, wie auch auf dem Foto, auf Hartsubstraten wie Felsböden im
gesamten Mittelmeer in 1-200 m Tiefe vorkommend. Wie alle Seesterne, hat auch der Rote
Seestern ein Ambulacralsystem, das beispielsweise zur Fortbewegung und Nahrungsaufnahme dient. Eine weitere Besonderheit der Seesterne ist die Fähigkeit, verlorenen Arme
im Laufe der Zeit neu zu bilden (vgl. Riedl, 2011, S. 604 f.).

Seine Nahrung, organisches Detritus und kleine Lebewesen, weidet er mit seinen Saugfüßchen ab und transportiert sie über die Wimperrinne zur Mundöffnung. Im Laufe der Zeit wurde die Art aber sehr stark durch Küstenfischerei dezimiert, da der Rote Seestern gerne von Touristen als Souvenir gekauft wird. (vgl. Bergbauer et. al, 2009, S. 230)

### 3.4 Großfische

Am „Love Cave" waren zahlreiche Fischarten zu sehen. So viele, dass die Thematisierung aller über den Rahmen dieser Arbeit hinausgehen würde. Deshalb wird das Hauptaugenmerk auf Fische gelegt, die an diesem Tauchspot nach eigenen Notizen sehr häufig vorkamen: Mönchsfische, Meerjunker, gestreifte Knurrhähne, Schriftbarsche, Goldstrieme, Zweibindenbrassen, Gelbstriemenbrasse, Ringelbrasse und Pfauenlippfisch

An dieser Stelle sollen ebenfalls die Daten für die Masterarbeit von Nils Schünemann zu den Fischsichtungen am Tauchspot „Love Cave" (siehe Anhang S. 37) thematisiert werden. Diese Ergebnisse zu der Anzahl der Sichtungen, dem zahlenmäßigen Auftreten, dem Aufenthaltsort und der Größe der Fische in cm, sind unter den jeweiligen Fischarten im Laufe des folgenden Textes eingefügt. Sie sollen mit eigenen Notizen des Tauchgangs und Literaturwerten verglichen werden.

<u>Mönchsfisch (*Chromis chromis*)</u>

Der Mönchsfisch ist laut den Daten von Nils mit 43 Sichtungen der zweithäufigste Fisch, der uns am Tauchspot „Love Cave" begegnet ist. Auf unserem eigenen Tauchgang waren sie überall im Freiwasser, in großen Schwärmen anzutreffen (Abb. 25). Sie sind deshalb auch gut zu beobachten – man trifft sie laut Literatur vor allem im freien Wasser über Felsen und im Flachwasser bis in ca. 20 m Tiefe an (vgl. Riedl, 2011, S. 693). Auch die Daten der Masterarbeit bestätigen unsere Beobachtung und die Angaben in der Literatur: In 34 von 43 Sichtungen kamen die Mönchsfische in Schwärmen von mehr als 10 Individuen und in 38 von 43 Sichtungen auch im Freiwasser vor. Bei unserem Sicherheitsstopp auf fünf Metern, waren viele Schwärme dieses Fisches zu betrachten. Er kann bis zu 15 cm groß werden (wir sahen vor allem Individuen, die größer als 5 cm, aber kleiner als 20 cm waren) und ist an seinem seitlich abgeflachten Körper, seinen großen Schuppen, die jeweils dunkel gerandet sind, seiner langen, durchgehenden Rückenflosse und der tief gegabelten Schwanzflosse zu erkennen (Abb. 26). Die Jungtiere, die bis zu 2 cm groß sind, sind leuchtend blau (Abb. 27). Sie halten sich im Gegensatz zu den ausgewachsenen Individuen im Schutz von Spalten oder unter Überhängen auf. Die erwachsenen Tiere haben eine kastanienbraune Färbung. Er ist im gesamtem Mittelmeer (als einer der dort häufigsten

Fische), im schwarzen Meer und im Ostatlantik von Angola bis Südportugal verbreitet. Er frisst Plankton, aber auch Fischbrut. (vgl. Bergbauer et. al, 2009, S. 292)

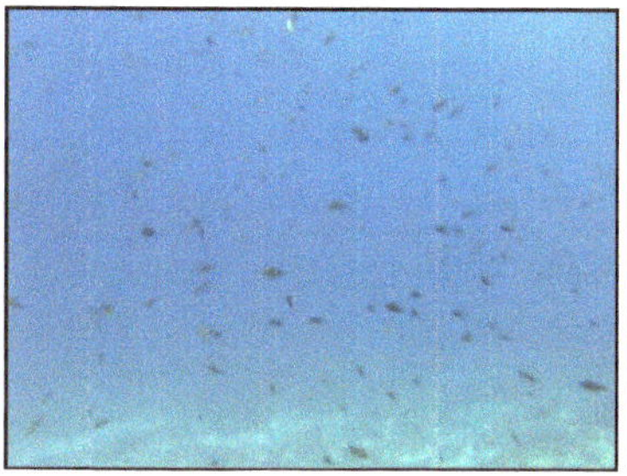

Abb. 25: Schwärme des *Chromis chromis*, die am Tauchspot „Love Cave" überall anzutreffen waren.

Abb. 26: Ein Mönchsfisch eines Schwarmes am Tauchspot. Gut zu erkennen ist die tief gegabelte Schwanzflosse.

Abb. 27: Leuchtend blaue Jungtiere des Mönchsfisches. Dieses Foto wurde nicht am „Love Cave" aufgenommen.

Bei dem Meerjunker handelt es sich um einen Fisch, der im Gegensatz zu dem Mönchsfisch bei unserem eigenen Tauchgang eher einzeln oder in kleinen Trupps in Grundnäher am Tauchspot „Love Cave" vorkam. Reife Männchen sind eher Einzelgänger (vgl. Riedl, 2011, S. 695). Die Daten der Masterarbeit bestätigen diese Beobachtung: es wurden 32 Sichtungen registriert, von denen 16 einzeln gesichtet wurden und die anderen 16 in Trupps, die nicht größer als fünf Individuen waren. Vor allem in Felsgebieten und Seegraswiesen, ab dem Flachbereich an, bis in über 120 m Tiefe, sind die Tiere zu finden (vgl. Bergbauer et. al, 2009, S. 294). Diese Literaturdaten können wir durch die Daten der Fischsichtungen bestätigen: In 23 von 32 Fällen wurden die Meerjunker in der Nähe von Steinen gesehen. Verbreitet sind sie im gesamten Mittelmeer und im Ostatlantik vom äquatorialen Afrika bis Norwegen. Sie sind ortstreu und graben sich in der Nacht in den Sand ein. Meist ist er zwischen 10 und 20 cm groß, kann aber bis zu 25 cm groß werden. Die Daten der Masterarbeit zeigen, dass die Meerjunker am Tauchspot „Love Cave" am häufigsten größer als 10 cm aber kleiner als 20 cm waren. Männchen und Weibchen unterscheiden sich durch ihre Färbung: Der Rücken ist bei Weibchen und jüngeren Männchen kastanien- bis blassorangebraun, die Unterseite hell bis weißlich und auf den Flanken sind teils ein bis zwei blassgelbliche Längsstreifen zu finden. Ausgewachsene Männchen haben einen grünlichen bis bläulichen oder bräunlichen Rücken. Entlang der Seite befindet sich ein gezacktes orangefarbenes Band, welches oft grün oder blau gesäumt ist und hinter den Brustflossen lässt sich ein schwarzer länglicher Fleck. (vgl. ebd.) Eine Besonderheit des Meerjunkers ist, dass sich die Weibchen, wenn sie älter sind, einem Geschlechtswechsel unterziehen können und somit Männchen werden (vgl. Riedl, 2011, S. 695).

Ein ausgewachsenes männliches Exemplar ist in Abb. 28 zu sehen. Das Fotografieren dieser Fische fiel ziemlich schwer, da sie äußerst agil sind und ruckartig schwimmen (vgl. Bergbauer et. al, 2009, S. 294). Da sie jedoch neugierig sind und sich durch aufgewirbeltes Sediment anlocken lassen (Abb. 29), konnte man Meerjunker bei den Tauchgängen oft betrachten.

**Abb. 28:** Ein ausgewachsenes männliches Exemplar des Meerjunkers. Gut zu erkennen ist das orangefarbene Zickzackband.

**Abb. 29:** Ein Taucher (oben rechts) der mit seinen Flossen das Sediment aufwirbelt und dadurch Meerjunker (in der Sandwolke) anlockt.

Zu ihrer Nahrung zählen Wirbellose, wie kleine Schnecken, Muscheln, Stachelhäuter und Krebse (vgl. Bergbauer et. al, 2009, S. 294).

<u>Gestreifter Knurrhahn (*Trigloporus lastoviza*)</u>

Der Gestreifte Knurrhahn begegnete uns auf unserem eigenen Tauchgang am „Love Cave" insgesamt vier Mal. Jedes Mal hielt er sich alleine auf dem Grund auf. Er kann bis zu 35 cm groß werden und hält sich, wie auch bei uns der Fall, auf Sandböden ab 10 Metern bis 150 Metern auf. Nicht nur im Mittelmeer, auch im Ostatlantik kommt er vor. (vgl. Bergbauer et. al, 2009, S. 274) Die 14 Forschenden der Masterarbeit notierten fünf Sichtungen: der gestreifte Knurrhahn kam in allen Fällen einzeln vor und hielt sich immer in der Nähe des Sedimentes auf. Diese Daten bestätigen die Beobachtungen unserer Tauchgruppe. Weiterhin geht aus den Daten der Masterarbeit hervor, dass seine Größe unter die Spalten größer als 10 und größer als 20 cm fiel. In der Literatur findet man, dass dieser Fisch bis 40 cm groß werden kann (vgl. ebd.). Der Knurrhahn ist blassrötlich braun bis kräftig rotbraun gefärbt und hat meist hellere oder dunklere Flecken an seinem Körper. Oft hat er auch einige breite und unregelmäßige Querstreifen. (vgl. Riedl, 2011, S. 725) Durch seine Färbung ist er auf dem Untergrund des Mittelmeeres gut getarnt.

Auffallend ist die leuchtende blaue Umrandung der Brustflossen, die in Erscheinung tritt, wenn der Gestreifte Knurrhahn seinen Gleitflug vollführt (Abb. 30). Die Flossen sind rundlich, sehen aus wie Flügel und besitzen einige bräunliche Flecken und Streifen. Auf dem Bild kann man gut den kegelförmigen Körper und den gepanzerten Kopf erkennen. Auch die zwei Rückenflossen und die Brustflossen, von denen die ersten drei Strahlen als Schreitbeinchen fungieren, sind zu sehen. Mit den Schreitbeinchen kann er nach Nahrung tasten (kleine Fische, Krebse und Weichtiere) und laufen, da er den Gleitflug nur benutzt, wenn er sich gestört oder bedroht fühlt. Seinen Namen verdankt er den dumpfen und knurrenden Geräuschen, die er von sich gibt. (vgl. Bergbauer et. al, 2009, S. 274)

**Abb. 30:** Ein Gestreifter Knurrhahn am Tauchspot „Love Cave", der gerade dabei ist, knapp über dem Grund, durch seinen Gleitflug, zu flüchten.


<u>Schriftbarsch (*Serranus scriba*)</u>

Auf unserem Tauchgang am „Love Cave" begegnete uns der Schriftbarsch immer in der Nähe des Grundes und alleine, da der Zwitter einzelgängerisch ist und sich territorial verhält (Abb. 31). Vor allem auf Felsböden und Seegraswiesen ab dem Flachwasser, in circa 30 m Tiefe, ist er im gesamten Mittelmeer, im Schwarzen Meer und im Ostatlantik zu entdecken. (vgl. Riedl, 2011, S. 680)

Die Tabelle der Masterarbeit zeigt 30 Sichtungen des Schriftbarsches, die alle als einzelgängerisch notiert wurden. Dieses stimmt auch mit den Beobachtungen unseres Tauchganges überein. Dass 27 der Sichtungen an Steinen registriert wurden, bestätigen die oben genannten Daten der Literatur. Die häufigste Größe, die im Rahmen der Abschlussarbeit registriert wurde, war größer als 10 cm, aber kleiner als 20 cm. Laut Literatur kann er bis zu 36 cm groß werden. Der Schriftbarsch zeichnet sich durch seine blassgrau bräunliche bis rötlich braune Farbe aus. Das Muster des Schriftbarsches ist sehr charakteristisch für ihn: Auf der Seite besitzt er mehrere dunkle Querstreifen, sein Bauch hat einen bläulichen Fleck, die Schwanzwurzel und –flosse sind gelblich und der Kopf hat ein blaues bis rötliches Muster, das linienförmig verläuft. Da die Muster an arabische Schriftzeichen erinnern, sind diese namensgebend für ihn. Dieses ist auf Abb. 32 gut zu erkennen. Er ernährt sich von kleinen Fischen, Krebsen und Weichtieren. (vgl. Bergbauer et. al, 2009, S. 278)

Auf unseren Tauchgängen konnte man den Schriftbarsch gut beobachten, da er sich uns bis auf ein paar Meter genähert hat. Nach einer gewissen Nähe verschwand er dann aber in sein Versteck.

**Abb. 31:** Der Schriftbarsch (unten rechts) am Grund in der Nähe der Hinterlassenschaften der Menschen am „Love Cave"

**Abb. 32:** Ein weiterer Schriftbarsch am Grunde des „Love Cave". Gut zu sehen ist sein charakteristisches Muster.

<u>Goldstrieme (*Sarpa salpa*)</u>

Wie auf den beiden Abbildungen (Abb. 33 und Abb. 34) zu sehen ist, besitzt die Goldstrieme einen länglichen ovalen, seitlich abgeflachten Körper mit einem kleinen Kopf und ein Maul mit verdickten Lippen. Farblich ist sie silbrig grau bis bläulich grau. Neben der Grundfärbung besitzt sie 10-11 goldfarbene Längstreifen (auf den Seiten und dem Rücken), goldgelbe Augen und einen kleinen schwarzen Fleck am Ansatz der Brustflossen. Sie ist meistens 30 cm groß, kann aber bis 50 cm groß werden. (vgl. Bergbauer et. al, 2009, S. 290)

Da weder auf den Videos unseres Tauchgangs am „Love Cave", noch auf den Videos der anderen Tauchgruppen Goldstriemen zu sehen waren, am Tauchspot „Love Cave" jedoch 14 Sichtungen gemacht wurden, entstammen die Abbildungen der Literatur.

**Abb. 33:** Ein Scharm von Goldstriemen. Gut zu erkennen sind hier die goldenen Längsstreifen und die goldgelben Augen. (Bergbauer et. al, 2009, S. 290)

**Abb. 34:** Eine Goldstrieme in schwarz-weiß. Hier kann man gut den kleinen Kopf und die verdickten Lippen sehen. (vgl. Riedl, 2011, S. 690)

Die Goldstrieme kommt über Fels-, Sandböden und Seegraswiesen vor, bevorzugt in seichten und besonnten Orten, vom Grund entfernt im Freiwasser in geringeren Tiefen (bis in 20 m) (ebd.). Sie besiedelt das gesamte Mittelmeer, das Schwarze Meer teilweise und den Ostatlantik. Dort ernährt sie sich von Pflanzen. Die Goldstrieme gehört damit zu den wenigen herbivoren Fischen im Mittelmeer. Eine Ausnahme bilden die Jungtiere, die sich auch von Kleintieren, wie beispielsweise kleinen Krebsen ernähren. Eine weitere Besonderheit der Goldstrieme ist der Fakt, dass sie ein protandrischer Zwitter ist: als Männchen werden die Fische geschlechtsreif, wandeln sich nach einiger Zeit aber in Weibchen um. (ebd.)

Im Gegensatz zu unserem Tauchgang und den Videos, die durchgesichtet wurden, haben einige Tauchgruppen Goldstriemen am Tauchspot „Love Cave" gesehen. Die Forschenden der Masterarbeit notierten 14 Sichtungen, womit der Fisch nur der siebthäufigste ist. Er wurde in verschiedenen Formationen beobachtet: Es wurden sowohl Einzelgänger (2 Sichtungen) registriert, aber auch Schwärme mit mehr als fünf Individuen (5 Sichtungen), Schwärme mit 10 Fischen (5 Sichtungen) und mit mehr als 10 Individuen (2 Sichtungen). In der Literatur findet man, dass es sich bei der Goldstrieme um einen geselligen Fisch handelt, was diese Ergebnisse unterstützt (vgl. Riedl, 2011, S. 691). Das Vorkommen der Goldstrieme ist variabel aufgenommen worden: so kommen Individuen im Freiwasser vor (6 Sichtungen), andere im Sediment (3 Sichtungen) oder in der Nähe von Steinen (5 Sichtungen). Bergbauer hat dieses variable Vorkommen beschrieben (s.o.) und so lässt sich auch diese Beobachtung durch die Literatur stützen. Die Größe teilt sich in der Tabelle auf alle vier Spalten auf. Am meisten wurden die gesichteten Goldstriemen aber auf größer als 5 cm oder auf größer als 10 cm eingeschätzt. Dieses weicht von den oben vorgestellten Literaturwerten (meistens 30 cm groß) ab. Vielleicht handelte es sich bei diesem Individuen um Jungfische. Eine mögliche Fehlerquelle wäre hier der Vergrößerungseffekt des Wassers, welcher zu einer falschen Größeneinschätzung führt.

<u>Zweibindenbrasse (*Diplodus vulgaris*)</u>

Auch die Zweibindenbrasse begegnete uns am „Love Cave" öfter. Jedoch nicht in großen Schwärmen, wie beim Mönchsfisch oder der Goldstrieme, sondern alleine oder in Verbünden von zwei bis drei Individuen und in Grundnähe. Der Grund dafür ist folgender: „Bei der Nahrungssuche am Meeresboden teilen sich diese Fische oft in kleine Gruppen auf, während sie sich im freien Wasser mitunter zu festen Verbänden zusammenschließen" (Muus et. al, 2013, S. 113). Sie suchen dort wirbellose Kleintiere, wie Würmer und Krebstiere (vgl. Bergbauer et. al, 2009, S. 286). Meist halten sich diese Individuen über Felsböden und Sandflächen, oft im Bereich von Seegraswiesen, eher in geringen Tiefen auf, können aber bis in 50 m Tiefe vorkommen. Sie besiedeln das gesamte Mittelmeer und den Ostatlantik (ebd.).

Die Daten der Masterarbeit können die vorangegangen Angaben bestätigen. Bei der Zweibindenbrasse handelt es sich mit 68 Sichtungen um die häufigste Fischart, die am „Love Cave" vorkommt. 40 der 68 Sichtungen wurden als einzelgängerisch notiert, aber auch in kleinen Schwärmen war die Zweibindenbrasse öfter anzutreffen (17 Sichtungen). Sie hält sich vor allem grundnah auf dem Sediment (32 Sichtungen) oder in der Nähe von Steinen auf (27 Sichtungen). Die meisten registrierten Individuen waren größer als 10 cm, aber kleiner als 20 cm (33 Sichtungen). Diese Werte sind auch durch die Literatur bestätigt, wobei die Größenangaben dort weiter nach oben abweichen (s.u.).

Kennzeichnend für die Zweibindenbrasse sind der breite schwarze Schwanzfleck und der schwarze Querstreifen an der Stirn (vgl. Riedl, 2011, S. 687). Diese beiden Strukturen kann man auf Abb. 35 erkennen. Da dieses Bild dennoch ein bisschen unscharf ist, ist mit Abb. 36 eine weitere Fotografie gegeben, die jedoch nicht vom „Love Cave" stammt.

**Abb. 35:** Die Zweibindenbrasse am Tauchspot „Love Cave". Diese hält sich grundnah auf und war alleine unterwegs.

**Abb. 36:** Eine weitere Zweibindenbrasse, bei der man die zwei „Binden" besser erkennen kann. Dieses Foto stammt nicht vom „Love Cave".

Dieser Fisch ist meist 25 cm groß, kann aber bis zu 45 cm groß werden. Über die silbrig graue Grundfarbe hinaus besitzt dieser Fisch goldgelbe Längsstreifen und seine Bauchflossen sind auffällig dunkel.

### Gelbstriemenbrasse (*Boops Boops*)

Die Gelbstriemenbrasse ist, wie der Mönchsfisch, einer der Fische, der uns sehr oft auf unserem eigenen Tauchgang am „Love Cave" über den Weg geschwommen ist. Sie begegnete uns stets in großen Schwärmen, in dichten Formationen, im Freiwasser (Abb. 37) und ist auf dem Video an verschiedenen Stellen immer wieder zu sehen. Antreffen kann man sie bis in 150 Metern Tiefe.

Auf Abb. 38 kann man eine Gelbstriemenbrasse detaillierter sehen. Oft wird sie mit der Goldstrieme verwechselt. Da die Gelbstriemenbrasse aber deutlich schlanker ist, nur 3-5 gelbliche Längsstreifen hat, die viel schwächer gefärbt sind, als die der Goldstrieme, ist eine Verwechslungsfahr gering (vgl. Bergbauer et. al, 2009, S. 290). Der Rücken der Gelbstriemenbrasse ist dunkelgrau, während der Bauch heller ist. Sie und vor allem ihre Flanken glänzen metallisch. Bei der Nahrung ist sie nicht wählerisch – sie ist ein Allesfresser. (vgl. Riedl, 2011, S. 691)

Diese Art wurde von den Forschenden 22 Mal gesichtet. Die meisten Individuen (17 Stück) wurden als Einzelgänger aufgezeichnet. Dieses kann durch die Aufzeichnungen unseres Tauchgangs und der Bilder, die die Gelbstriemenbrasse in Schwärmen zeigen, nicht gestützt werden. Doch in der Literatur werden auch einzelgängerische Gelbstriemenbrassen genannt. Das Vorkommen im Freiwasser, das bei den Daten der Masterarbeit vorherrschend (18 Sichtungen) war, kann dagegen durch unsere Bilder bestätigt werden. In der Literatur findet man aber auch Angaben zu Aufenthaltsorten wie Fels- und Schlammlitoral (vgl. Riedl, 2011, S. 691). Auch die Daten, die zu der Größe gewonnen wurden – Individuen, die größer als 10 cm, aber kleiner als 20 cm sind, kommen am häufigsten vor – stimmen mit der Literatur überein. Dort findet man Angaben um die 20 cm, das Maximum beträgt 30 cm (ebd.).

**Abb. 37:** Ein großer Schwarm von Gelbstriemenbrassen im Freiwasser des Tauchspots „Love Cave".

**Abb. 38:** Eine einzelne Gelbstriemenbrasse, die am Rande eines Schwarms vor der Kamera vorbeigeschwommen ist.

Ringelbrasse (*Diplodus annularis*)

Bei der Ringelbrasse handelt es sich laut Daten der Masterarbeit mit 33 Sichtungen um die dritthäufigste Fischart am Tauchspot „Love Cave". Sie tritt einzelgängerisch, aber auch in allen Schwarmgrößen auf. Sie kommt grundnah, entweder über dem Sediment (14 Sichtungen) oder in der Nähe von Steinen (12 Sichtungen) vor. Individuen, die größer als 10 cm, aber kleiner als 20 cm sind, kommen am häufigsten vor (14 Sichtungen).

Diese Daten können durch die Literatur gestützt werden. Nach dortigen Angaben wird sie bis zu 18 cm groß (vgl. Riedl, 2011, S. 687). Einzelgängerisch sind die erwachsenen, nicht so geselligen Individuen. Jüngere Tiere trifft man oft in kleinen Trupps an. Auch das in der Tabelle notierte Vorkommen stimmt mit der Literatur überein: man findet die Ringelbrasse über Sand- und Felsböden, sowie über Seegraswiesen, vor allem von der Wasseroberfläche an, bis in 50 Meter Tiefe. Sie ist im gesamtem Mittelmeer, im Schwarzen Meer und im Ostatlantik vertreten. (vgl. Bergbauer et. al, 2009, S. 284)

Wie auf Abb. 39 zu erkennen ist, ist diese Fischart silbergrau gefärbt, oft mit einem gelblich grünlichem Schimmer. Direkt hinter der Rückenflosse, am Schwanzstiel, liegt ein schwarzer Fleck, den man auf der Abbildung gut erkennen kann. Außerdem sind die gelblichen Bauchflossen auf diesem Bild gut zu erkennen. Da man diese Färbung auf den Videos vom „Love Cave" nicht gut erkennen kann, wurde ein Foto vom „Secret Beach" gewählt, wo diese Fischart auch häufig vorkam. Ringelbrassen ernähren sich von Würmern, Weichtieren und Krebsen (vgl. ebd.).

**Abb. 39**: Ein kleiner Trupp von Ringelbrassen am Tauchspot „Secret Beach". Gut zu erkennen sind hier der schwarze Fleck am Schwanzstiel und die gelblichen Bauchflossen.

Pfauenlippfisch (*Symphodus tinca*)

Der Pfauenlippfisch wurde von den Forschenden 12 Mal gesichtet. Dabei trat der Großteil der Individuen (9 Sichtungen) als Einzelgänger auf. Er wurde nur grundnah, über dem Sediment (4 Sichtungen) oder in der Nähe von Steinen (8 Sichtungen), gesichtet. Individuen, die größer als 10 cm, aber kleiner als 20 cm sind, kommen am häufigsten vor

(8 Sichtungen).

In der Literatur hingegen wir der Pfauenlippfisch als geselliger Fisch beschrieben, bei dem nur größere Exemplare einzelgängerisch leben. Da er aber bis 30 cm oder teils sogar bis 40 cm groß werden kann, haben die Forschenden mit Individuen, die kleiner als 20 cm sind, keine großen Exemplare gesehen. Alternativ könnte man diese Beobachtung damit erklären, dass diese Fischart während der Fortpflanzungszeit, die bis September geht, einzelgängerisch lebt (vgl. Bergbauer et. al, 2009, S. 302). Die Beobachtung des Aufenthaltsortes kann man mit der Literatur bestätigen, da sich der Pfauenlippfisch über Seegraswiesen und Felsböden in einer Tiefe von 0,5-50 im gesamten Mittelmeer, im Schwarzen Meer und im Ostatlantik aufhält (ebd.). Dort frisst er vor allem Stachelhäuter und Weichtiere.

Allgemein ist diese Fischart grün und besitzt blaue und rote Flecken, die oft in Längsreihen über seinen Körper verlaufen. Weibchen und jüngere Männchen sind nicht so bunt und unscheinbarer gefärbt. Sie sind oft farbloser und nicht so grell wie die erwachsenen Männchen. Sie besitzen zwei dunkelbraune Längsbinden auf jeder Seite (Abb. 40). Beide Geschlechter haben hinten am Schwanzstiel an der Seitenlinie einen dunklen Fleck. Pfauenlippfische sind gut zu beobachten, da sie Tauchende nah an sich heranlassen. (vgl. Riedl, 2011, S. 697)

**Abb. 40:** Ein Exemplar des Pfauenlippfisches am Grund des Tauchspots „Love Cave". Hierbei handelt es sich um ein Weibchen oder junges Männchen, da der Fisch nicht stark grün gefärbt ist und anstatt Punkten zwei Längsbinden auf dem Körper hat. Ebenfalls zu erkennen ist der Fleck am Schwanzstiel.

### 3.5 Weichtiere

Zu dem Taxon Mollusca zählen beispielsweise Käferschnecken (Polyplacophora), Muscheln (Bivalvia), Kahnfüßer (Scaphopoda) Tintenfische (Caphalopoda) und Schnecken (Gastropoda). Letztere wurden am Tauchspot gesehen.

<u>Napfschnecken (*Patellidae*)</u>

Die Napfschnecken, die zu der Klasse der Gastropoda gehören, waren am „Love Cave" auf Steinen und Felsen zu sehen, die aus dem Wasser ragten. Auch im „Love Cave" selbst konnte man Napfschnecken finden, die man aber aufgrund der schlechten Lichtverhältnisse nicht gut fotografieren konnte. Auf Abb. 41 sind Napfschnecken zu sehen. Man erkennt sie vor allem an der Form ihres Gehäuses, das napf- oder kappenförmig ist. Da sie keinen Deckel haben, sind sie in der Lage sich durch Säureausscheidungen auf Stein einen Sitzplatz zu schaffen, der als Deckel dient (vgl. ebd.). Abdrücke von Napfschnecken, die aufgrund von Säureausscheidungen entstanden sind, sind auf Abb. 42 zu sehen.

**Abb. 41:** Napfschnecken, an einem aus dem Wasser ragenden Felsen, am Tauchspot „Love Cave".

**Abb. 42:** Sitzabdrücke, die Napfschnecken durch Säureabgabe an einem Stein hinterlassen haben.

„Die Unterscheidung verschiedener Napfschnecken ist schwierig" (Bergbauer et. al, 2009, S. 144). Deshalb wird an dieser Stelle auch keine Einordnung der gesehenen Napfschnecke in eine bestimmte Art vorgenommen. Selbst innerhalb der gleichen Art sind die Napfschnecken variabel in der Form und Färbung. Generell lässt sich jedoch sagen, dass die flache Schale der Napfschnecken durch die Einflüsse der Brandungszone oft erodiert ist und verschieden große und gewellte Rippen aufweist. Sie ist rötlich braun bis grau gefärbt und kann bis zu 7 cm groß werden. (vgl. ebd.)

Eine weitere Besonderheit der Napfschnecken sind ihr Fuß ohne Fortsätze und die Kiemenfäden, die in der Mantelrinne kranzförmig angeordnet sind (vgl. Riedl, 2011, S. 271).

Die Napfschnecke ist ein Weidegänger. Sie besitzt eine kräftige Radula, mit der sie nachts den Algenbewuchs um ihren Sitzplatz kreisförmig abweidet. (vgl. ebd.)

Die Radula der Napfschnecke ist unflexibel und mehrreihig (vgl. Riedl, 2011, S. 271).

Die Napfschnecke kommt in der Brandungszone, an felsigen Küsten, vor. Dieses stellt aufgrund des guten Haftvermögens der Napfschnecke kein Problem für sie dar (vgl. Bergbauer et. al, 2009, S.144). Global gesehen, kann man Napfschnecken entlang der Küste Europas und Westafrikas auffinden.

3.6 Krebstiere

Der Unterstamm der Krebstiere (Crustacea), der dem Stamm der Gliederfüßer (Arthropoda) zuzuordnen sind, wurden von unserer Gruppe am Tauchspot „Love Cave" nicht gesehen. Da eine Gruppe aber von einer Sichtung von einem Krebstier in der Höhle selbst berichtete, wurde diese Beobachtung ebenfalls hier aufgenommen.

<u>Gemeine Strandkrabbe (*Carcinides maenas*)</u>

Bei der Sichtung der Tauchgruppe handelte es sich um eine Strandkrabbe, von der nur eine Fotografie an einem anderen Tauchspot existiert (Abb. 43). Die Strandkrabbe der Abbildung liegt auf dem Panzer, sodass man Blick auf das Abdomen hat, das beim Weibchen breiter, rundlich und siebengliedrig ist, beim Männchen hingegen schmaler, spitz und fünfgliedrig. Oben ist die Krabbe grünbraun gefärbt, das Abdomen hingegen heller. Die Vorderkante des Panzers besitzt auf beiden Seiten fünf scharfe Zähne. Die Strandkrabben können bis zu 7,2 cm groß werden. Bei ihnen handelt es sich um Allesfresser, wobei sie gerne Weichtiere fressen, deren Schalen sie mit den Scheren knacken.

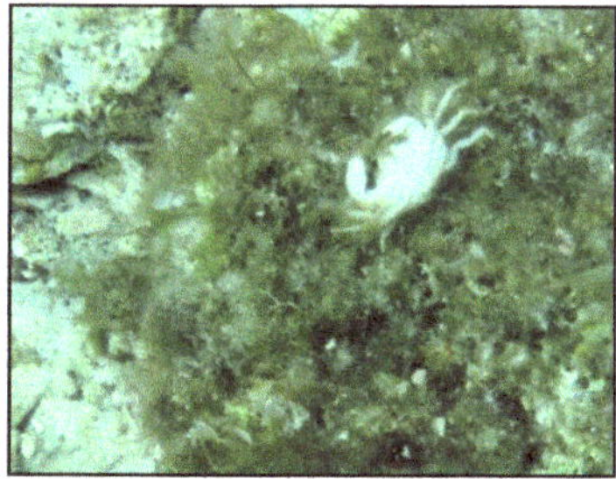

**Abb. 43:** Die Gemeine Strandkrabbe (*Carcinus maenas*). Dieses Foto entstand an einem anderen Tauchspot und zeigt die Strandkrabbe auf dem Rücken liegend.

Sie kommen bis in 20 Meter Tiefe, häufig auf Sandböden, vor – am Sandstrand häufiger bis massenhaft. Die Strandkrabben dienen als Fischköder und Nahrungsmittel oder werden getrocknet zu Dünger verarbeitet. (vgl. Riedl, 2011, S. 499)
Die Strandkrabbe kann man daran erkennen, dass sie seitlich läuft. Oft graben sie sich im Sand ein. Nicht nur im „Love Cave", im adriatischen Meer, kommt die Krabbe vor. Man findet sie auch in Ost- und Nordsee und im Atlantik. [vgl. Internetquelle 8]

3.7 Algen

Zu der paraphyletischen Gruppe der Algen zählen unter anderem Grünalgen (Chlorophyta), Braunalgen (Phaeophyta) und Rotalgen (Rhodophyta). Letztere wurden bei dem Tauchgang selbst und auch nach Analyse der Videos vom „Love Cave" nicht gesichtet.

Dieses kann man damit erklären, dass sie „zwischen 30 und 60 m, wo sie gegenüber Braun- und Grünalgen deutlich überwiegen" (Riedl, 2011, S. 71) am häufigsten vorkommen.

### 3.7.1 Grünalgen

Im Rahmen dieser Hausarbeit ist es leider nicht möglich, auf alle gesichteten Grünalgen (Chlorophyta) am Tauchspot detaillierter einzugehen. Deshalb wird sich auf die Grünalge konzentriert, die am „Love Cave" am häufigsten zu sehen war: der Meerball (*Codium bursa*). Andere einmalig oder selten gesichtete Grünalgen sind in Abb. 44, 45 und 46 fotografisch dokumentiert.

**Abb. 44, 45 und 46:** Grünalgen am Tauchspot „Love Cave":
Die Krustenförmige Grünalge (*Codium adhaerens*) (Abb. 44), zu erkennen an dem dunkelgrünen polsterförmigen lappigen und mehrere Zentimeter breiten, buchtigen Thallus (vgl. Riedl, 2011, S. 50).
Die Fächeralge (*Udotea petiolata*) (Abb. 45) mit ihren fächerförmigen Phylloiden, die am Rande eingerissen sind, auf stieligem Cauloid (vgl. Bergbauer et. al, 2009, S.34).
Die Grüne Gabelalge (*Codium fragile*) (Abb. 46) mit ihren grünlichen, runden und verzweigten Ästen. Der Thallus kann bis zu 25 cm groß werden (vgl. Riedl, 2011, S. 50).

<u>Meerball (*Codium bursa*)</u>

Diese Grünalge besitzt einen kugeligen Thallus, der bis zu 20 cm groß werden kann (Abb. 47). Bei älteren Individuen ist diese Kugel von oben gesehen teils eingedellt. Auch solche Meerbälle waren am Tauchspot „Love Cave" zu sehen (Abb. 48). Meerbälle sind von innen hohl, ihre Unterseite ist mit Wurzelfäden bestückt und sie sind dunkelgrün gefärbt. Diese lichtliebenden Algen kommen in bis zu 45 m Tiefe, vor allem auf Sand-, aber auch auf Felsböden, vor. Vor allem im westlichen Mittelmeer, in der Nordadria, im östlichen Becken in der Nordägäis, an der ägyptischen Mittelmeerküste und im angrenzenden Atlantik sind sie anzutreffen. (vgl. Bergbauer et. al, 2009, S. 34)

**Abb. 47:** Ein Meerball am Tauchspot „Love Cave" mit seiner typischen runden Form.

**Abb. 48:** Ein älteres, eingedelltes Exemplar eines Meerballs am „Love Cave". Ebenfalls sind oberhalb der Alge Mönchsfische zu sehen.

### 3.7.2 Braunalgen

Braunalgen (Phaeophyta) wurden beim Tauchgang selten gesehen. Bei der im Folgenden vorgestellten, handelt es sich um die einzige, die am Tauchspot „Love Cave" gesichtet wurde.

#### Trichteralge (*Padina pavonica*)

Diese Alge ist unten stängelig und keilförmig, oben fächerartig geformt (Abb. 49). Die weißliche Färbung, die von dunkleren konzentrischen Zonen durchbrochen wird, ist abhängig von der Menge des eingelagerten Kalks.

**Abb. 49:** Eine Trichteralge auf einem Fels am „Love Cave".

Der tütenförmige Thallus kann bis zu 15 cm hoch werden und ist vor allem an lichtreichen Standorten zu betrachten. Auf Steinen und Felsen, ab der Oberfläche, bis in eine Tiefe von 20 m, besiedelt die Alge das gesamte Mittelmeer und den angrenzenden Atlantik. (vgl. Bergbauer et. al, 2009, S. 44)

**4. Zusammenfassung und Fazit**

Die vorangegangen Darstellungen erheben keinen Anspruch auf Vollständigkeit. Da wir als Tauchanfänger öfter noch mit uns selbst beschäftigt waren, konnte die adriatische Diversität nicht in dem Umfang betrachtet werden, wie sie tatsächlich vorhanden war. Gerade die Videoanalyse im Anschluss hat gezeigt, dass zwar viele Arten aufgenommen wurden, oft beim Tauchgang selbst aber übersehen wurden.

Trotzdem kann man das Ziel der Exkursion nach Krk als erreicht ansehen: Der adriatische Lebensraum und dessen Diversität wurde im Wissenschaftsjahr der Ozeane und Meere von uns tauchend erkundet. Wir haben viele verschiedene aquatische Lebewesen aus unterschiedlichen Taxa gesehen – dieses gilt nicht nur für den hier beschriebenen Tauchspot, sondern für alle Tauchgänge dieser Exkursion. Hilfreich waren dabei die Referate, durch die man wusste, auf welche Tiere man im Mittelmeer treffen kann und die einem gewisser Maßen „die Augen geöffnet" haben. Dieses erlangte fachliche Wissen über das Leben an und im Mittelmeer, kann später im Beruf, im Rahmen des Biologieunterrichts oder während Exkursionen, den Schülerinnen und Schülern näher gebracht werden.

Aber auch das Referat zu den rechtlichen Bestimmungen und formalen Voraussetzungen einer Klassenfahrt war hilfreich für die professionelle Entwicklung der Teilnehmenden: sie bekamen somit eine Vorstellung, wie man Exkursionen später an der Schule durchführen kann. Damit ist der Grundstein für eigens geplante Klassenausflüge gelegt, den es zukünftig durch weitere Exkursionen, beispielsweise im Rahmen von Praktika an Schulen, zu vertiefen gilt.

# 5. Literaturverzeichnis

**Bergbauer, Matthias, Bernd Humberg** (2009): Was lebt im Mittelmeer? Ein Bestimmungsbuch für Taucher und Schnorchler. Stuttgart: Kosmos.

**Campbell, Neil A., Jane B. Reece et al.** (2009): Biologie. 8. Auflage. München: Pearson.

**Mojetta, Angelo, Andrea Ghisotti** (1997): Tiere und Pflanzen des Mittelmeeres. Ein Bestimmungsbuch für Taucher und Schnorchler. Augsburg: Naturbuch-Verlag.

**Muus, Bent J., Jørgen G. Nielsen** (2013): Meeresfische Europas. Nordsee, Ostsee und Atlantik. Stuttgart: Franckh-Kosmos.

**Riedl, Rupert** (2011): Fauna und Flora des Mittelmeeres. Ein systematischer Meeresführer für Biologen und Naturfreunde. 1. Auflage des unveränderten Nachdrucks der Ausgabe von 1983, Neuauflage. Wien: Seifert Verlag.

<u>Internetquellen</u>

[1] **Bundesministerium für Bildung und Forschung** (2016): Über das Wissenschaftsjahr. Wissenschaftsjahr Meere und Ozeane: Entdecken. Nutzen. Schützen. https://www.wissenschaftsjahr.de/2016-17/das-wissenschaftsjahr/ueber-das-wissenschaftsjahr.html (13.10.2016)

[2] **Universität Bielefeld** (2016): Ekvv. 201103 Planung und Durchführung einer meeresbiologischen Exkursion. https://ekvv.uni-bielefeld.de/kvv_publ/publ/vd?id=70878688 (13.10.2016).

[3] **Müller, Michael** (o.J.): Insel Krk. Der Reiseführer über die Insel Krk in der Region Kvarner Bucht in Kroatien. Alles über die Insel Krk und den Ortschaften. Mit Bildern, Tipps und Angeboten. https://www.kroati.de/kroatien-kvarner/insel-krk.html (14.10.2016).

[4] **Openstreet Map** (2017): Kroatien Krk. https://www.openstreetmap.de/karte.html (12.09.2017).

[5] **Goruma** (o.J.): Adria, Adriatisches Meer http://www.goruma.de/Wissen /Naturwissenschaft/Weltmeere_Meere/Adria_Adriatisches_Meer.html (14.10.2016).

[6] **Andrić, Miro** (2010): Über Kroatien. http://www.ronjenjehrvatska.com/de/uber_kroatien (14.10.2016).

[7] **Openstreet Map** (2017): Insel Plavnik, Love Cave.
https://www.openstreetmap.de/karte.html (12.09.2017).

[8] **Jonas, Peter** (o.J.): Strandkrabbe. http://www.unterwasser-welt-
mittelmeer.de/index.html (18.10.2016).

# 6. Anhang

Daten zu Fischsichtungen und Temperaturen von Nils Schünemann

**Tabelle 1:** Fischsichtungen am Tauchspot „Love Cave" am 29.09.2016. Die Daten wurden von 14 Forscher/-innen aufgenommen, insgesamt wurden 299 Fischsichtungen registriert. Die verschiedenen Fischarten sind in der linken Spalte eingetragen. Wenn man der jeweiligen Zeile der Fischart folgt, kann man der Tabelle die Anzahl der Sichtungen, das zahlenmäßige Auftreten, den Aufenthaltsort und die Größe der Fische in cm entnehmen.

| Art | Anzahl der Sichtungen | Auftreten 1 | Auftreten <5 | Auftreten <,=10 | Auftreten >10 | Wo Freiwasser | grundnah Schlamm | Sediment | Steine | Pflanzen | Versteck | Größe <5 | >5 | >10 | >20 |
|---|---|---|---|---|---|---|---|---|---|---|---|---|---|---|---|
| Goldstrieme | 14 | 2 | 5 | 5 | 2 | 6 | | 3 | 5 | | | 1 | 5 | 5 | 3 |
| Gelbstriemenbrasse | 22 | 17 | 4 | | 1 | 18 | | 3 | 1 | | | | | 18 | 4 |
| Marmorbrasse | 6 | 3 | 2 | 1 | | | | 6 | | | | | | 5 | 1 |
| Zweibindenbrasse | 68 | 40 | 17 | 7 | 4 | 9 | | 32 | 27 | | | 1 | 20 | 33 | 14 |
| Ringelbrasse | 33 | 7 | 10 | 6 | 10 | 7 | | 14 | 12 | | | 5 | 6 | 14 | 8 |
| Schriftbarsch | 30 | 30 | | | | | | 3 | 27 | | | | 5 | 19 | 6 |
| Beutelbarsch | 7 | 7 | | | | | | 2 | 5 | | | | 3 | 4 | |
| Pfauenlippfisch | 12 | 9 | 3 | | | | | 4 | 8 | | | | 2 | 8 | 2 |
| Grauer Lippfisch | 1 | | | | | | | 1 | | | | | 1 | | |
| Meerjunker | 32 | 16 | 16 | | | 1 | | 8 | 23 | | | | 11 | 16 | 5 |
| Grauer Knurrhahn | 4 | 4 | | | | | | 4 | | | | | | 3 | 1 |
| Gestreifter Knurrhahn | 5 | 5 | | | | | | 5 | | | | | | 3 | 2 |
| Brauner Drachenkopf | - | | | | | | | | | | | | | | |
| Brauner Schleimfisch | 4 | 4 | | | | | | 2 | 2 | | | 2 | 2 | | |
| Roux Schleimfisch | 5 | 5 | | | | | | 2 | 3 | | | 2 | 3 | | |
| Schlankgrundel | 4 | 4 | | | | | | 4 | | | | | 2 | 2 | |
| Schwarzgrundel | 3 | 3 | | | | | | | 2 | 1 | | | 1 | 2 | |
| Mönchsfisch | 43 | 3 | | 6 | 34 | 38 | | 1 | 4 | | | 4 | 22 | 17 | |
| Gestreiftes Petermännchen | 3 | 3 | | | | | | 3 | | | | | | 1 | 2 |
| Gemeiner Himmelsgucker | 1 | 1 | | | | | | 1 | | | | | | | 1 |
| Dicklippige Meeräsche | 2 | | | 1 | 1 | 1 | | 1 | | | | | | 1 | 1 |

**Tabelle 2:** Wassertemperaturen in verschiedenen Wassertiefen am Tauchspot „Love Cave" am 29.09.2016. Gemessen wurde die Temperatur ab der Wasseroberfläche (22 °C) bis in eine Wassertiefe von 30 Metern (16 °C).

| Wassertiefe in Metern | 0 | 5 | 10 | 15 | 20 | 25 | 30 | 35 | 40 |
|---|---|---|---|---|---|---|---|---|---|
| Temperatur in Grad Celsius | 22 | 20 | 20 | 18 | 18 | 17 | 16 | - | - |

# BEI GRIN MACHT SICH IHR WISSEN BEZAHLT

- Wir veröffentlichen Ihre Hausarbeit, Bachelor- und Masterarbeit

- Ihr eigenes eBook und Buch - weltweit in allen wichtigen Shops

- Verdienen Sie an jedem Verkauf

Jetzt bei www.GRIN.com hochladen und kostenlos publizieren